LUFTFAHRT-LEHRBÜCHEREI

Band 20

Die deutschen Flugmotoren

Argus As 10 C

As 10 E, As 401

bearbeitet von

Dr. Karl Krieger

Mit 29 Abbildungen

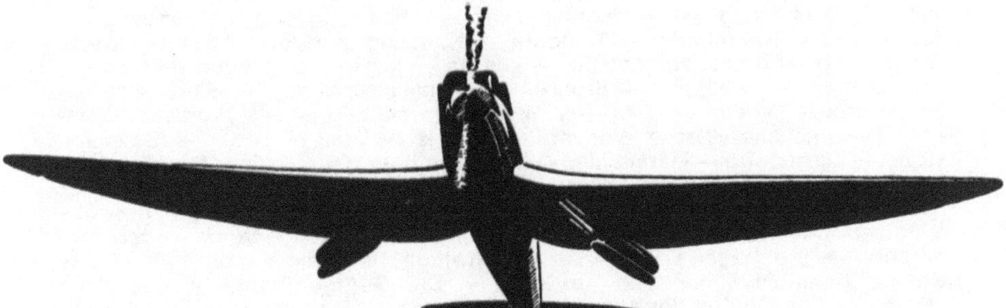

DR. M. MATTHIESEN & CO. BERLIN

LUFTFAHRT-LEHRBÜCHEREI

Band 20

Die deutschen Flugmotoren

Argus As 10 C

As 10 E, As 401

bearbeitet von

Dr. Karl Krieger

Mit 29 Abbildungen

1940

DR. M. MATTHIESEN & CO. / BERLIN SW 68

Druck: Dr. Emil Ebering / Berlin SW 68

Inhalt

Vorwort

Mit vorliegendem Büchlein wurde der Versuch gemacht, den äußeren Aufbau des bekannten Flugmotors, der durch aufsehenerregende internationale Flüge in Afrika und Asien bereits in die Geschichte eingegangen ist, auf gedrängtem Raum anschaulich vor Augen zu führen, um dem Fliegernachwuchs, dem fliegertechnischen Personal, der Jugend und allen an der Luftfahrt interessierten Volksschichten zu geringem Preis geeignetes Anschauungsmaterial zu bieten. Die Darstellung stützt sich auf Unterlagen, die von der Firma Argus Motoren Gesellschaft m. b. H., Berlin, in freundlicher Weise zur Verfügung gestellt wurden. Im Namen des Verlages sei dieser Firma hiermit nochmals bestens gedankt.

Berlin, Mai 1940.

Argus As 10 C

Typenbeschreibung

Allgemeines

Der Argus-Motor As 10 C wird für einmotorige Reise- und Schulflugzeuge oder als Zug- bzw. Druckschraubenmotor für mehrmotorige Flugzeuge verwendet (Arado Ar 96, Fieseler Fi 156 („Storch"), Gotha Go 145, Go 149, Messerschmidt „Taifun" u. a. m.). Die Bauweise als Reihenmotor

Abb. 1 und 2. Flugzeuge mit As 10 C-Motor (Fieseler „Storch" und Arado Ar 96).

mit hochliegender Luftschraube und tiefer Schwerpunktslage gestattet einen günstigen Einbau in das Flugzeug, gute Sicht für den Flugzeugführer und gute Zugänglichkeit bei der Wartung des Motors.

Aufbau

Der **Argus As 10 C-Motor** ist ein luftgekühlter Achtzylinder-Viertakt-Reihen-Motor mit in V-Form (90°) hängenden Zylindern und Vergasern. Drehsinn der Kurbelwelle und Luftschraube (vom Führersitz aus gesehen) ist rechts (Uhrzeigersinn). Bezeichnung der Zylinder (von der Luftschraube aus gesehen):

linke Reihe 1—4,
rechte Reihe 5—8.

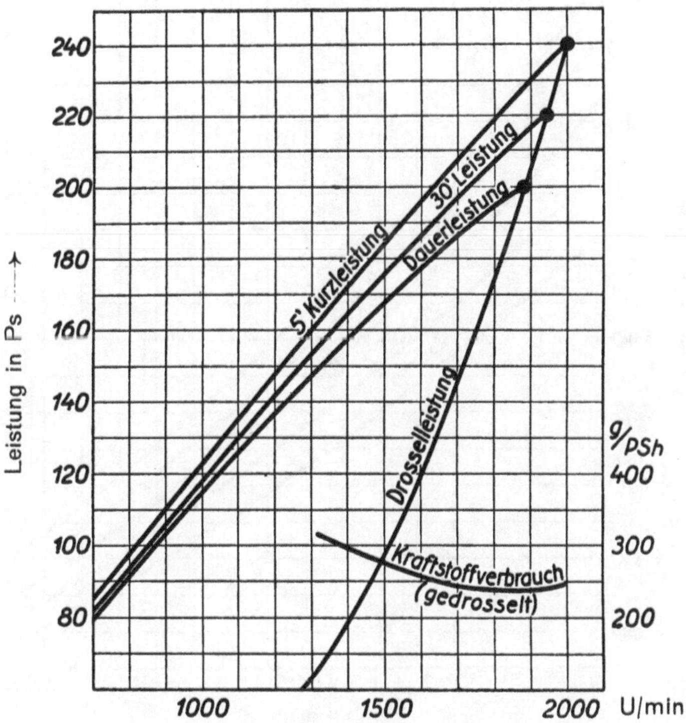

Abb. 3. Bodenleistungsschaulinien „Normal 0 m"

Die Leistungen des Motors

Mittlerer Druck		7,5 kg/cm²
5 Minuten-Kurzleistung	„Normal 0 m"	240 PS (2000 U/min)
30 Minuten-Leistung	„Normal 0 m"	220 PS (1940 U/min)
Dauerleistung	„Normal 0 m"	200 PS (1880 U/min)
Höchstzulässige Drehzahl (1 Minute gedrosselt, Sturzflugdrehzahl)		2600 U/min
Kraftstoffverbrauch bei 240 PS		etwa 235 g/PSh
Kraftstoffverbrauch bei 200 PS		etwa 230 g/PSh
Schmierstoffverbrauch		etwa 8—9 g/PSh

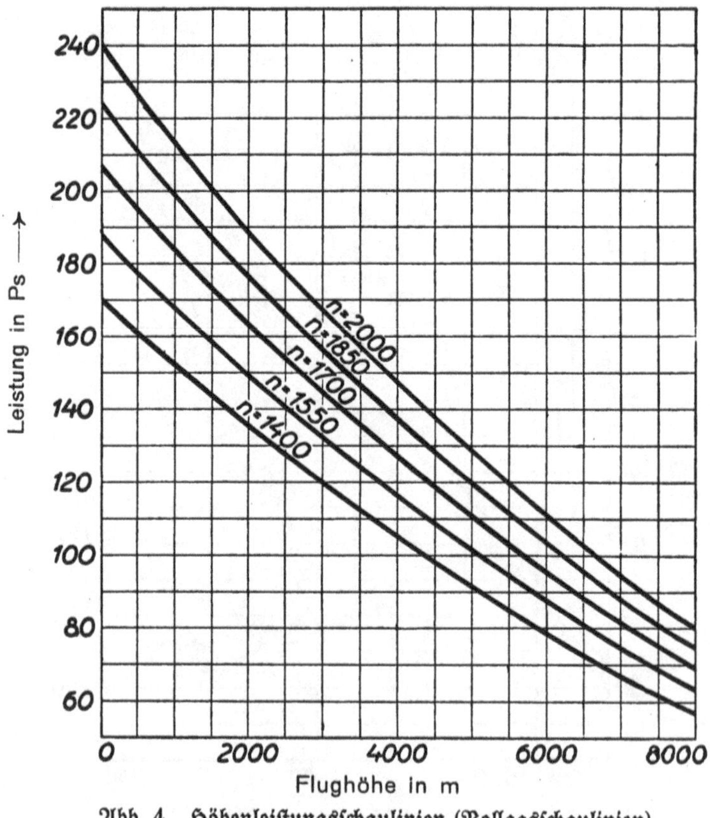

Abb. 4. Höhenleistungsschaulinien (Vollgasschaulinien).

Kennwerte, Maße und Gewicht des Motors

Bohrung	120 mm
Hub	140 mm
Hubraum je Zylinder	1,58 l
Hubraum insgesamt	12,7 l
Verdichtungsverhältnis	1 : 5,9
Einbaugewicht mit Ausrüstung	232,0 kg
Größte Länge (ohne Nabe)	1105 mm
Größte Breite (am hinteren Auspuffstutzen)	880 mm
Größte Höhe (mit Kühlverkleidung)	718 mm

Der Kraftstoff

Der Kraftstoff wird nach Vorschriften des Reichsluftfahrtministeriums verwendet. Nach dem Stand vom 2. Quartal 1938 sind z. B. **Einheitskraftstoffe** Oktanzahl 80 zu verwenden. Die Düseneinstellung für Benzin-Benzol-Gemische und Bleikraftstoffe ist immer gleich. Der Kraftstoffdruck beträgt 0,12 bis 0,20 kg/cm².

Der Schmierstoff

Der Schmierstoff wird ebenfalls vom Reichsluftfahrtministerium bestimmt. Nach dem Stand vom 2. Quartal 1938 ist z. B. zu verwenden:

Im Sommerflugbetrieb:	Aero Shell schwer
	Intava 120
	Intava „Grünring"
Im Winterflugbetrieb:	Aero Shell schwer
	Intava 100
	Intava „Rotring"

Der **Schmierstoffdruck** beträgt 3—6 atü.

Die höchste zulässige **Eintrittstemperatur** beträgt im Dauerbetrieb 85° C, kurzzeitig im Steigflug 95° C, die niedrigste Eintrittstemperatur beträgt 30° C.

Die Ventilsteuerung

Die Ventilsteuerung erfolgt jeweils nach Tafel auf dem Motorgehäuse, z. B.:

Einlaß öffnet	56°	vor dem äußeren Totpunkt	
Einlaß schließt	92°	nach dem inneren Totpunkt	
Auslaß öffnet	88°	vor dem inneren Totpunkt	
Auslaß schließt	48°	nach dem äußeren Totpunkt	
Einstellventilspiel			Einlaß 0,05 mm
(Betriebsventilspiel) bei kaltem Motor			Auslaß 0,05 mm

Die Zündung

Zündmagnet	Zündmagnet 1 ist Linksläufer } (Abb. 25) Zündmagnet 2 ist Rechtsläufer }
Zündfolge	1, 5, 4, 8, 7, 2, 6, 3

Frühzündung (nach Tafel auf dem Motorgehäuse) z. B. 28° = 12 mm.

Zündkerze	Bosch M 175 S 38

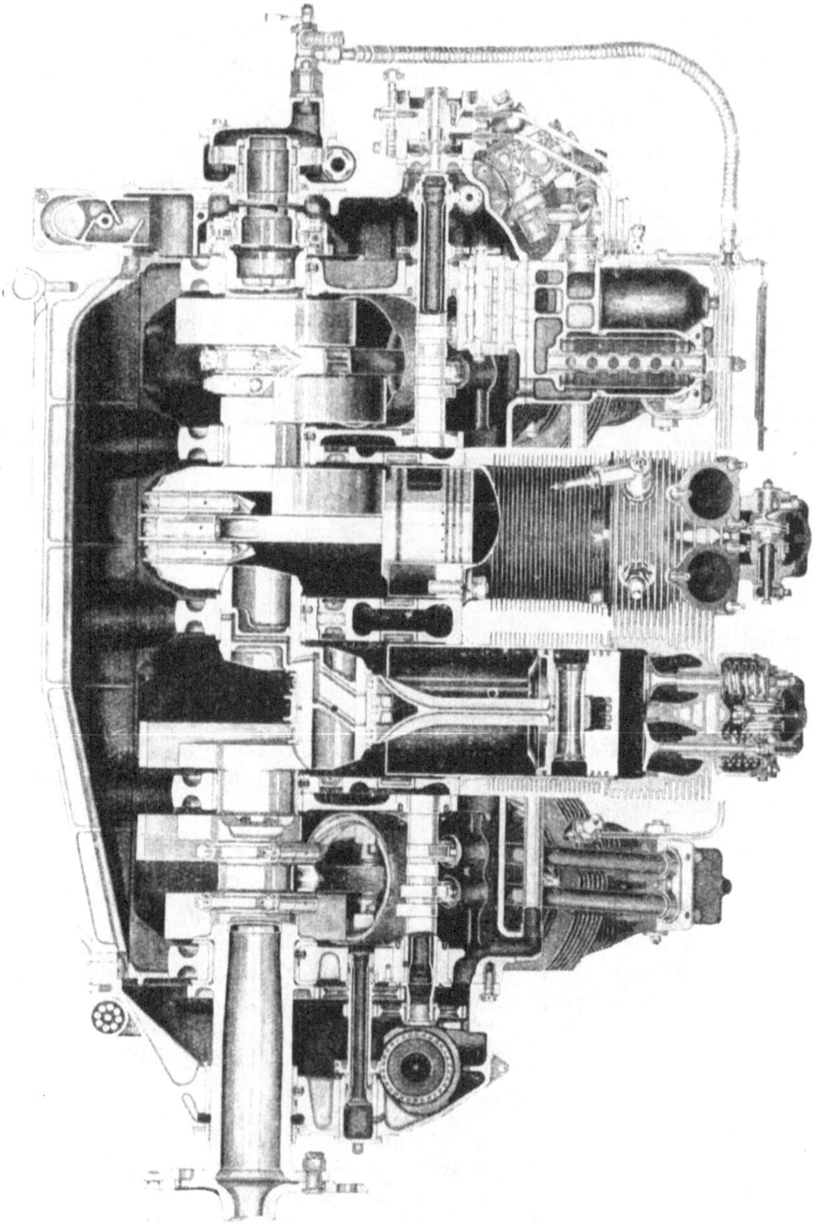

Abb. 5. Argus As 10 C. Längsschnitt.

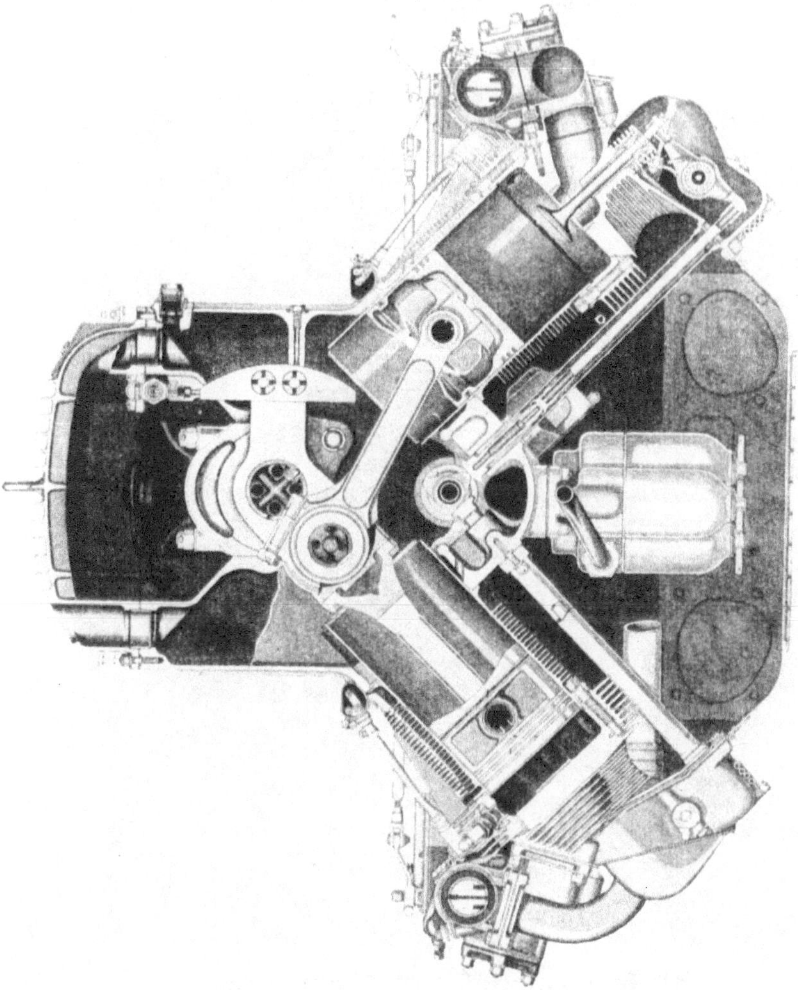

Abb. 6. Argus As 10 C. Querschnitt.

Bauteile – Beschreibung

Der Zylinder

Die Zylinder sind zweiteilig ausgeführt (Abb. 7). Die **Laufbuchse** mit ihren Kühlrippen ist aus dem Vollen herausgearbeitet. Der aus einer warmfesten Aluminium-Sonderlegierung gegossene **Zylinderkopf** ist durch 6 in den

Abb. 7. Zylinder, zerlegt und Steuerungsteile.

Zylinderkopf eingeschraubte Stiftschrauben mit der Laufbuchse verbunden. Dazwischen liegt ein Dichtungsring aus Weichkupfer. Der Auslaßventilsitz aus Sonderstahl sowie der Bronze-Einlaßventilsitz sind in den Zylinderkopf eingeschraubt und eingeschrumpft. Die Ventilführungen aus Bronze sind eingepreßt. Die Zündkerzen sowie das Druckluftanlaßventil sitzen mit ihren Gewinden in Bronzebuchsen, die in den Zylinderkopf eingeschraubt und eingewalzt und durch einen Stift gesichert sind. Über dem Ein- und Auslaßkanal ist der Zylinderkopf zur Verkleidung der Ventile, Kipphebel und Federn hochgezogen. Diese Ventilkammer ist durch einen leicht abnehmbaren Deckel geschlossen. Durch die staubdichte Einkapselung werden die Steuerorgane geschont.

Der Kolben

Der Kolben (Abb. 8) ist aus Aluminium-Sonderlegierung in Kokille gegossen, hat drei Kolbenringe und einen Schmierstoff-Abstreifring. Der schwimmend gelagerte Kolbenbolzen ist beiderseits durch je einen Sprengring gesichert.

Abb. 8. Kolben.

Die Pleuelstangen

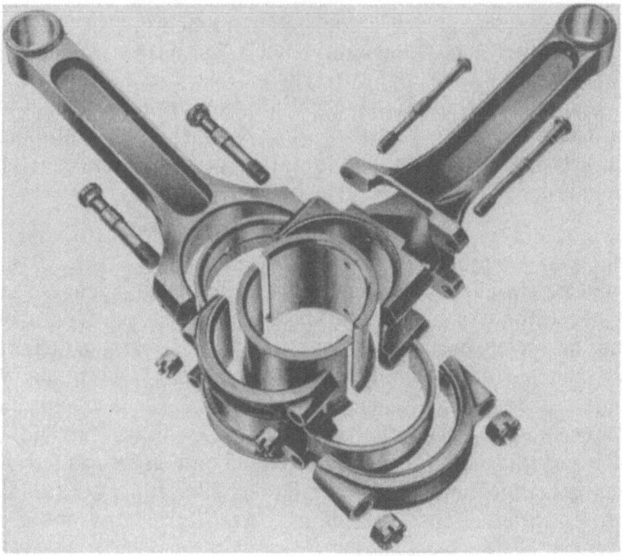

Abb. 9. Gabel- u. Mittelpleuel.

Die geschmiedeten und allseitig bearbeiteten Stahlpleuel vom H-Querschnitt sind als Gabelpleuel ausgebildet, wodurch die spezifische Belastung der Lager sehr niedrig gehalten werden kann (Abb. 9). Der **Gabelpleuelschaft** ist mit vier Paßschrauben an dem zweiteiligen Pleuelkopf befestigt. Das zweiteilige **Mittelpleuel** greift über den Pleuelkopf und führt bei der Drehung der Kurbelwelle eine hin- und herschwingende Bewegung aus. Die Stahl-Lagerschalen für Mittel- und Gabelpleuel sind mit Bleibronze ausgegossen. Die oberen Pleuelstangenaugen enthalten Bronzebuchsen.

Die Kurbelwelle

Die Kurbelwelle (Abb. 10) ist im Gehäuse sechsmal in mit Bleibronze ausgegossenen Stahlschalen gelagert. Das zweite Lager von vorn ist als Schulterlager ausgebildet. Es nimmt den Schraubenschub auf. Die vier Kurbelzapfen sind um je 90° versetzt und mit angeschraubten Gegengewichten versehen. In Verbindung mit der Anordnung der Zylinderreihen unter einem

Abb. 10. Kurbelwelle mit Lagerschalen.

Winkel von 90° und der Verwendung von gegabelten Pleuelstangen wird mit dieser Anordnung ein völlig erschütterungsfreier Gang des Motors und ein gleichförmiges Drehmoment erzielt. Die Welle endet vorn in einem kräftigen Flansch für den Anschluß der Luftschraubennabe. Am hinteren Ende ist ein federndes Antriebszahnrad zum Antrieb der Hilfsantriebe angeflanscht. Kurbel- und Wellenzapfen enthalten aus Elektron gegossene Einsätze für die Schmierstoffführung.

Das Gehäuse

Das Gehäuse besteht aus fünf Teilen (Abb. 11). Das eigentliche **Kurbelgehäuse**, ein über die Kurbelwellenmitte hochgezogenes, durch doppelte Lagerwände besonders biegungs- und drehsteif ausgebildetes, vergütetes Elektrongußstück, wird durch den ebenfalls aus Elektron gegossenen, mit Kühlrippen versehenen **Kurbelgehäusedeckel** verschlossen. Durch die von den doppelten Lagerwänden geschaffenen Hohlräume wird ein Luftstrom zur Kühlung der Lager und des Schmierstoffes geleitet. Den vorderen Abschluß bildet das **zweiteilige Lagergehäuse** aus Elektronguß, an dessen Unterteil die beiden Zündmagnete angeflanscht sind. Der **hintere Abschlußdeckel** enthält die Hilfsantriebe, den Entlüfter, Andrehvorrichtung, Kraftstoffpumpe und Druckluftverteiler.

Abb. 11. Kurbelgehäuse.

Die Steuerung

Die Steuerung wird durch ein **Einlaßventil** und ein **Auslaßventil** je Zylinder bewirkt. Die Ventilschäfte sind nitriert und der Teller des Auslaßventils ist am Sitz durch eine Hartmetallauflage verstärkt. Jedes Ventil hat

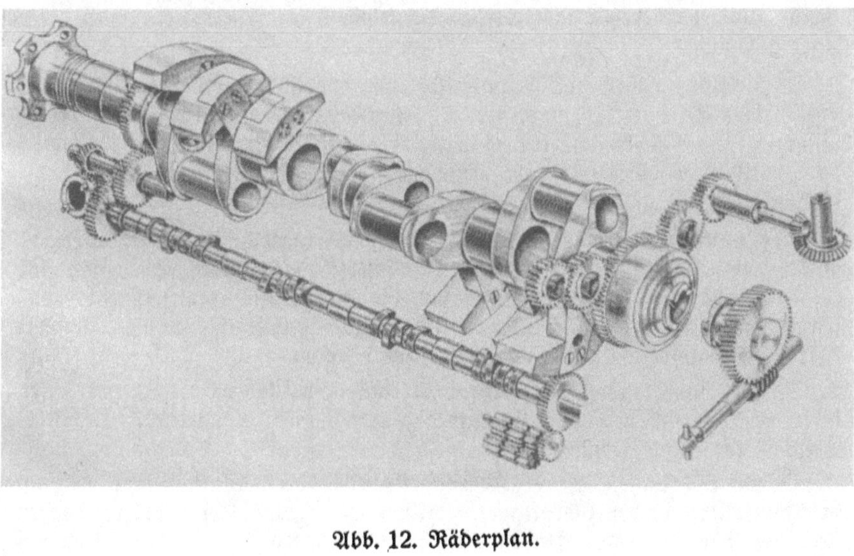

Abb. 12. Räderplan.

zwei Schraubenfedern, die für Ein- und Auslaß gleich sind. Ein- und Auslaß-Kipphebel schwingen auf Langrollenlagern um eine gemeinsame Achse, die in den Zylinderkopf eingepreßt und durch eine Schraube gesichert ist. Die Kipphebelachsen tragen außen Schmiernippel, durch die mit der zum Werkzeug gehörenden Schmierpresse die Langrollenlager der Kipphebel und durch Bohrungen in den Hebeln auch die Druckstellen zwischen den Einstellschrauben der Kipphebel und den Ventilköpfen geschmiert werden. Die **Stoßstangen,** die die Hubbewegung der Nockenwelle und der Stößel auf die Kipphebel übertragen, sind öldicht in Hüllrohren gekapselt. Die im Kurbelgehäuse fünfmal gelagerte **Nockenwelle** wird schwingungsfrei über ein Stirnrädervorgelege vom vorderen Kurbelwellenende angetrieben (Abb. 12). Das hintere Nockenwellenende trägt das Schmierstoffpumpenantriebsrad, das Bronze-Schraubenrad zum Antrieb der Kraftstoffpumpe und den Mitnehmer für den Antrieb des Druckluftverteilers und des Drehzahlmessers (Abb. 16).

Die Schmierung

Die Schmierung ist eine Trockensumpf-Druckumlaufschmierung.

Die **Schmierstoff-Druckpumpe** sitzt am hinteren Ende des Kurbelgehäuses zwischen den beiden Zylinderreihen, darunter hängt das Filtergehäuse mit drei voneinander unabhängigen Siebfiltern. Aus dem in der Flugzeugzelle liegenden Schmierstoffbehälter fließt der Schmierstoff durch das linke hintere Siebfilter der Schmierstoffdruckpumpe zu. Sie drückt den Schmierstoff durch das Spaltfilter- oder Sicherheitsventil (Abb. 13) und durch die teils außen, teils im Kurbelgehäuse verlegte Druckleitung zu den einzelnen Kurbelwellenlagern. Vom vorderen Lager werden durch die hohle Nockenwelle auch deren Lager geschmiert.

Unmittelbar neben der Schmierstoffpumpe befindet sich das einstellbare Überdruckventil, das bei niedriger Schmierstofftemperatur ein übermäßiges Ansteigen des Schmierstoffdruckes verhindert. In diesem Falle wird nämlich das Ventil angehoben und läßt eine gewisse Menge Schmierstoff durch die Rückförderleitung in den Schmierstoffbehälter zurückfließen.

Der hintere Kurbelgehäusedeckel bzw. die hintere Kurbelgehäusewand enthält zwei Anschlußstellen für die Schmierstoffdruckmessung, von denen eine für den Einbau eines Druckmittlers und die andere für unmittelbare Druckmessung vorgesehen ist. Die **Druckmessung** kann wahlweise unmittelbar oder unter Zwischenschaltung eines Druckmittlers erfolgen.

In die Schmierstoffdruckleitung des Kurbelgehäuses wird über der linken hinteren Anschlußfläche der Motoraufhängung das Schmierstoff-Eintritts-Thermometer eingeschraubt.

Durch Bohrungen in der Kurbelwelle und deren Einsatzstücken gelangt der Schmierstoff in die Pleuellager. Zylinderwände und Kolbenbolzen werden durch den von der umlaufenden Kurbelwelle abgespritzten Schmierstoff geschmiert. Der nicht verbrauchte Schmierstoff sammelt sich im Sumpf zwischen den beiden Zylinderreihen an, wird durch die beiden Absaugpumpen über je ein Siebfilter abgesaugt und durch eine gemeinsame Rückförderleitung dem Schmierstoffbehälter wieder zugeführt. Eine Pumpe saugt am vorderen Gehäuseende und eine am hinteren Ende ab, so daß auch bei starken Schräglagen kein Schmierstoff in die Zylinder gelangen kann.

Zur **Kühlung** des Schmierstoffes kann ein **Schmierstoffkühler** in die Rückförderleitung eingeschaltet werden.

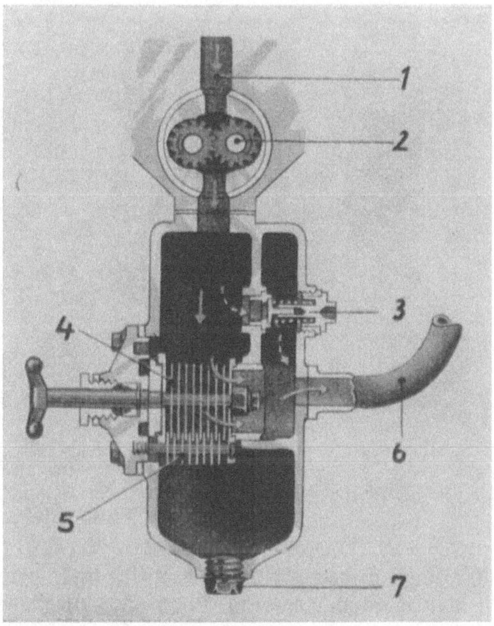

1 = vom Schmierstoffbehälter
2 = Schmierstoffdruckpumpe
3 = Sicherheitsventil
4 = Spaltfilter
5 = Kratzer
6 = zu den Kurbelwellenlagern
7 = Schlammablaßschlauch

Abb. 13. Schmierstoff-Spaltfilter.

Zur Regelung des Schmierstoffumlaufes durch den Kühler dient ein **Regelventil.** Es ist nach dem Durchflußwiderstand des Schmierstoffkühlers einstellbar. Solange der Schmierstoff kalt ist, fließt er dem Schmierstoffbehälter unmittelbar zu, da das Regelventil durch den hohen Druck in der Rückförderleitung angehoben wird. Bei allmählicher Erwärmung tritt eine Teilströmung durch den Schmierstoffkühler ein, bis schließlich der gesamte Schmierstoff den Schmierstoffkühler durchfließt.

Die Kipphebellager müssen mit der Schmierpresse von Hand geschmiert werden.

Die Kühlung

Die Kühlung wird durch den Flugwind bewirkt (Abb. 14). Im Kühlschacht entsteht ein Staudruck, durch den die Kühlluft zwischen den Zylindern und Zylinderköpfen hindurchgedrückt wird. Durch Leitbleche, welche auf der

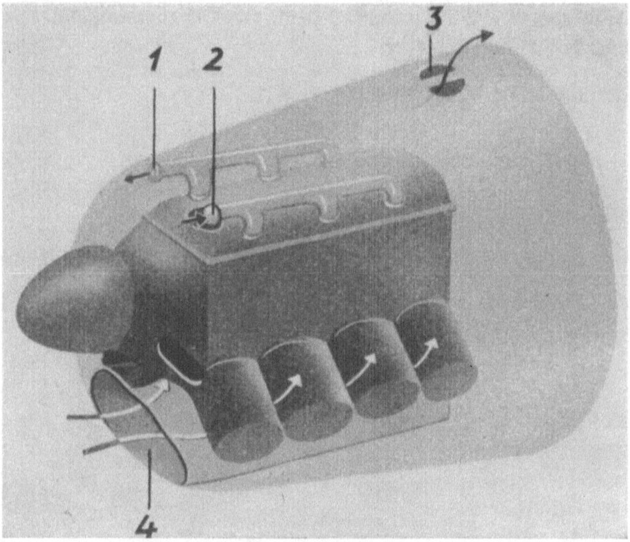

Abb. 14. Kühlluftleitbleche.

1 = Kühlluftaustritt, 2 = Lufteintritt für Gehäusekühlung, 3 = Gehäusedeckelbelüftung, 4 = Kühlluft-Eintrittsschacht

Austrittseite an den Zylindern befestigt sind, wird die Kühlluft gleichmäßig an allen heißen Stellen herangeführt. Sie wird dann durch Spalte zwischen der Motorhaube und dem Flugzeugrumpf abgesaugt.

Anlaßvorrichtungen

Der Motor As 10 C wird mit Druckluft oder der Hand-Andrehvorrichtung angelassen. Grundsätzlich ist beim Anlassen verschieden zu verfahren, je nachdem ob der Motor kalt oder betriebswarm ist, oder ob das Anlassen des kalten Motors bei niedrigen Außentemperaturen erfolgen soll. Diesen verschiedenen Umständen entsprechend muß eine kleinere oder größere Kraftstoffmenge mit Hilfe der Einspritzpumpe in die Saugrohre des Motors eingespritzt werden. Andernfalls wird man sich vergeblich bemühen, den Motor rasch in Gang zu setzen. In der kalten Jahreszeit kommt hinzu, daß die hohe Zähigkeit des Schmierstoffes, auch wenn der Motor ein zündfähiges Kraftstoff-Luftgemisch erhalten hat, das Anspringen stark erschwert. Durch das vorherige Anwärmen des Motors oder des Schmierstoffes wird das Anlassen stark erleichtert. Ist bei tiefliegendem Kraftstoffbehälter kein zusätzlicher Fallbehälter vorhanden, so muß bei der Inbetriebnahme einer neuen Triebwerksanlage oder nach längeren Betriebspausen, wenn die Schwimmergehäuse der Vergaser entleert sind, durch Betätigung der Kraftstoff-Handpumpe die notwendige Kraftstoffmenge in die Schwimmergehäuse und Leitungen befördert werden.

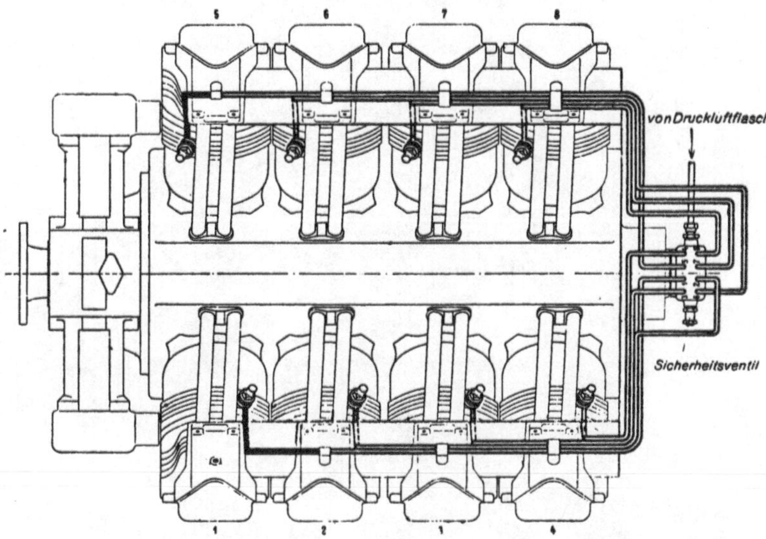

Abb. 15. Druckluftleitungsanlage, Schema.

a) **Handanlaßvorrichtung.**

Die Handanlaßvorrichtung mit Rückschlagsicherung ist so angebaut, daß der Motor von der linken Seite der Haube angedreht werden kann. Die Handandrehkurbel hat dabei eine Drehrichtung, die dem Uhrzeigersinn entgegenläuft.

Für die Lagerung der Handkurbel ist eine Lagerstelle am Motorvorbau vorzusehen. Von dieser Lagerstelle aus soll im Hinblick auf eine schnelle und sichere Einführung der Handkurbel ein Längsrohr zur Andrehwelle führen, das mit einem Durchmesser von 28 mm in der Andrehvorrichtung zentriert werden kann.

b) **Druckluft-Anlaßvorrichtung.**

Die Druckluft-Anlaßvorrichtung umfaßt einen Druckluftverteiler mit einstellbarem Sicherheitsventil, Druckluftleitungen zu den Zylindern und Rückschlagventile zur Einführung der Anlaßluft in die Zylinder. Diese Einzelteile gehören zur Ausrüstung eines Motors, der mit Druckluft angelassen werden soll. Vom Hersteller der Triebwerksanlage ist lediglich noch eine Rohrleitung

Abb. 16. Anordnung der Antriebe im hinteren Deckel.

mit 6 mm NW als Verbindung zwischen Druckluftflasche und Verteiler am Motor vorzusehen. Der zum Anlassen eines kalten Motors benötigte Luftdruck beträgt etwa 20 kg/cm². Die Anordnung eines besonderen Druckminderventils zwischen Behälter und Verteiler ist mit Rücksicht auf das einstellbare Sicherheitsventil am Verteiler nicht unbedingt erforderlich.

Hilfsapparate

Der hintere Deckel des Kurbelgehäuses trägt rechts und links der Andrehvorrichtung je einen Flansch (S. A. E. Flansch) zum wahlweisen Anbau von **Stromerzeuger, M. G.-Steuerungsantrieb, Luft- oder Ölpresser, Sogpumpe** usw. Die Antriebswellen haben 2,4 fache Kurbelwellendrehzahl. Sie sind über Zwischenräder von dem am hinteren Kurbelwellenende angeflanschten federnden Antriebszahnrad angetrieben (Abb. 16).

Kraftstoffpumpe

Die Kraftstoff-Förderung erfolgt durch eine **Jumo-Kraftstoffpumpe.**

Die Jumo-Kraftstoffpumpe ist eine ventillose Pumpe mit drei sternförmig in einer Ebene angeordneten Zylindern, die um Achsen parallel zur Kurbelwelle drehbar sind. Die drei Kolben sind gleichzeitig als Pleuel ausgebildet und greifen gemeinsam an der Kröpfung der Kurbelwelle an. Die Zylinderkörper erhalten durch die Kolben eine pendelnde Drehbewegung, durch die Zu- und Ablauf des Kraftstoffs gesteuert wird. Die Zylinderbohrung beträgt 9 mm und der Kolbenhub 15 mm. Die Zylinderräume werden durch Schmierstoff abgedichtet und geschmiert. Um jeglichen Übertritt von Kraftstoff in schmierstofführende Kanäle zu vermeiden, muß der Druck des Schmierstoffes größer sein als der des Kraftstoffes.

Die Dreikolbenanordnung gewährleistet eine gleichmäßige, ununterbrochene Kraftstofförderung. Die richtige Kraftstoffmenge wird durch einen eingebauten Regler dem Bedarf des Motors angepaßt. Zu viel geförderter Kraftstoff fließt durch den von Hand einstellbaren Regler nach der Saugseite zurück.

Vergaser

Zwei **Sum-Registervergaser 729 und 730** mit Gemischregelung und Rückenflugeinrichtung sind hinten rechts und links an den Saugleitungen angeschlossen. Die durch den Kühlschacht angesaugte Luft wird durch den Vergaser gesaugt und gelangt dann als Gemisch zu den Zylindern.

Drosselorgan ist ein Rundschieber. Das Düsensystem besteht aus Leerlaufdüse, Übergangsdüse und Hauptdüse, die beim Öffnen der Gasdrossel nacheinander zur Wirkung kommen. Für Rückenflug ist eine besondere Düse, von oben in den Saugraum mündend, angeordnet. Durch ein Fallventil ist die Rückenflugdüse im Normalflug ausgeschaltet. Die drei Düsen für Normalflug werden im Rückenflug durch ein gleiches Ventil ausgeschaltet, während die Rückenflugdüse dann eingeschaltet wird. Die Normalflugdüsen sind von unten nach Lösen der Hutmuttern zugänglich.

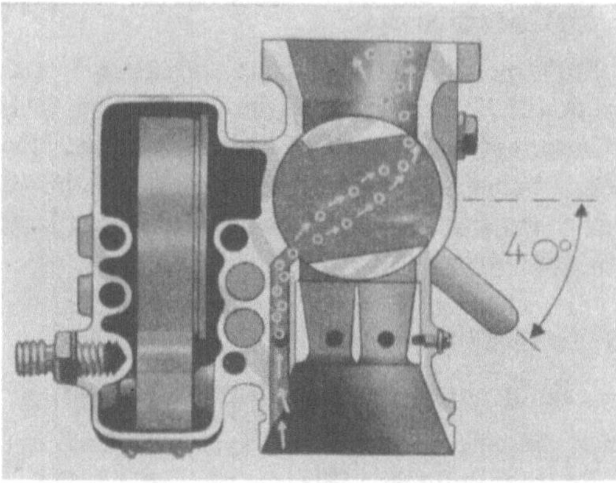

a) **Leerlauf** (Abb. 17).

Rundschieber fast geschlossen. Nur Leerlaufdüse, im besonderen kleinen Leerlauf-Luftkanal sitzend, in Wirkung. Einstellung des Leerlaufgemisches durch Stellschraube oben auf dem Vergaser. Regulierung der Drehzahl im Leerlauf durch Rundschieber-Anschlagschraube seitlich am Vergaser.

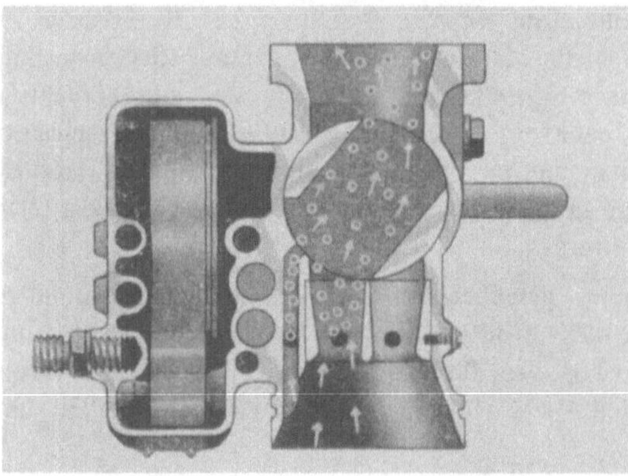

b) **Halblast** (Abb. 18).

Beim Weiteröffnen des Drosselschiebers kommt auch die Übergangsdüse in Wirkung. Es arbeiten Leerlauf- und Übergangsdüse.

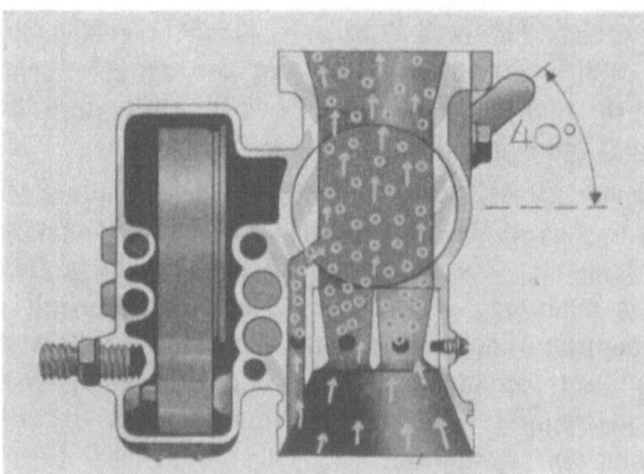

c) **Vollast** (Abb. 19).

Vergaser voll geöffnet. Hauptdüse ebenfalls eingeschaltet. Alle drei Düsen arbeiten. Leerlaufdüse hat etwas nachgelassen.

d) **Rückenflug** (Abb. 20).

In den Rückenfluglage tritt die Rückenflugdüse in Kraft, deren vorgeschaltetes Ventil jetzt geöffnet ist. Normalflugdüsen durch Fallventil verschlossen. Die Wirkung der Normaldüsen und der Rückenflugdüse geht im Kunstflug so ineinander, daß der Motor stets einwandfrei läuft. Das Schwimmergehäuse ist in jeder Fluglage durch das in die Ansaugöffnung hineinragende Staurohr belüftet.

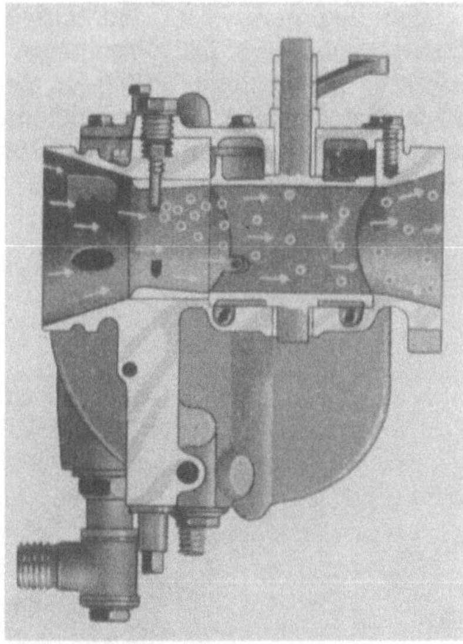

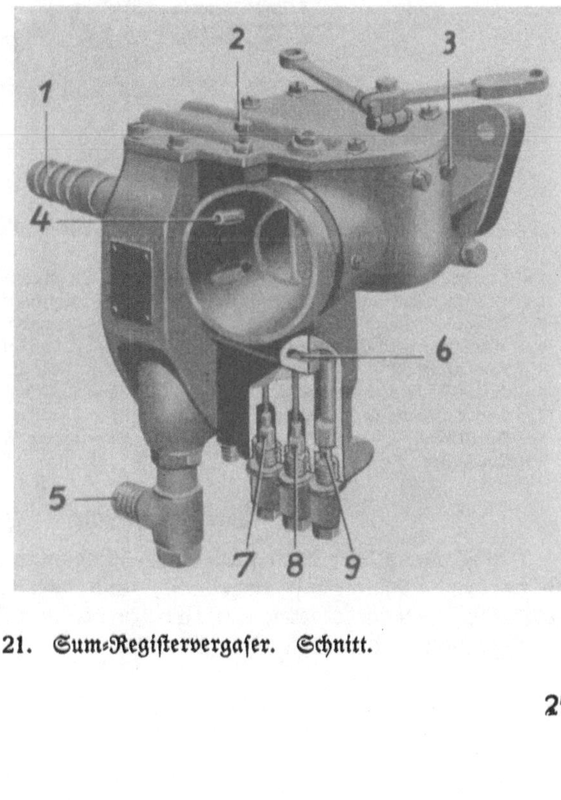

1 = Gemischregelluft
2 = Leerlaufluftregelschraube
3 = Leerlaufdrehzahlregelschraube
4 = Schwimmergehäusebelüftung
5 = Kraftstoff-Eintritt
6 = Gemischregelluft geht zur Hauptdüse
7 = Leerlaufdüse
8 = Übergangsdüse
9 = Hauptdüse

Abb. 21. Sum-Registervergaser. Schnitt.

Der Motor As 10 C hat auf dem Apparatedeckel einen Gemischregler (Dreiwegehahn), der bei Höhenflügen geöffnet wird und die eintretende Luft durch eine Rohrleitung seitlich an den Vergaser heranführt. Dort tritt die Luft in den Vergaser ein und wird an die Hauptdüse geleitet, wo sie sich mit dem Kraftstoff vermischt. Dadurch sinkt der Lieferungsgrad der Hauptdüse, wobei das Gemisch ärmer wird (Abb. 21—22).

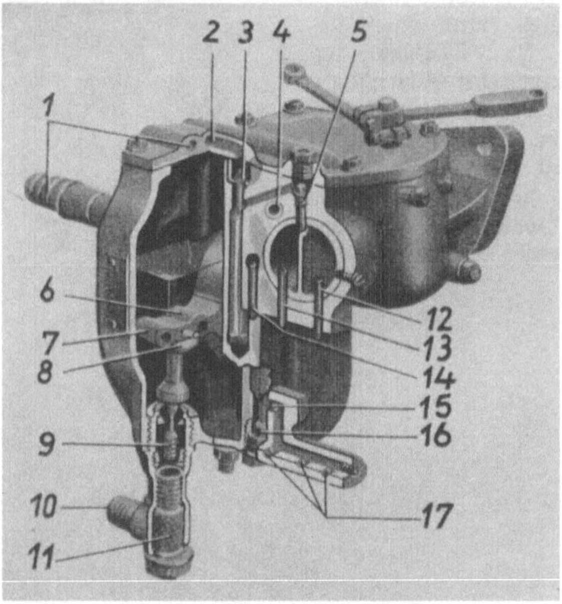

Abb. 22. Sum-Registervergaser. Schnitt.

1 = Gemischregelluft
2 = Kraftstoffzuteilung für Rückenlage
3 = Ventil geschlossen
4 = Schwimmergehäusebelüftung
5 = Rückenflugdüse
6 = Nocken a wirkt in Normallage
7 = Nocken b wirkt in Rückenlage
8 = Ventilteller
9 = Ventilfeder
10 = Kraftstoff
11 = Kraftstoffilter
12 = Steigrohr der Hauptdüse
13 = Steigrohr der Übergangsdüse
14 = Steigrohr der Leerlaufdüse
15 = Kraftstoffzuleitung für Normallage
16 = Ventil geöffnet
17 = zu den Düsen

Die Zündung

Die Zündung wird durch zwei **Bosch-Zündmagnete GE 8 B** bewirkt. Sie sind an dem Lagergehäuse angeflanscht und besitzen eine gemeinsame Antriebswelle, die vom vorderen Kurbelwellenende aus über eine Vorgelegewelle schwingungsfrei angetrieben wird (Abb. 23). Den Schaltplan der Zündanlage zeigt Abb. 24. Die Zündmagnete sind mit elektrischer Verstellung des Zündzeitpunktes ausgerüstet, die durch einen geeigneten Zündschalter vom Führersitz aus oder durch einen mit dem Gasgestänge gekuppelten Schleppschalter betätigt werden können. Die Verstellung des Zündzeitpunktes von Frühzündung auf Spätzündung ist nur zur Erzielung einer niedrigen Leerlaufdrehzahl notwendig.

Beide Zündmagnete sind mit je einer Schnappkupplung versehen. Diese schnellt auch beim langsamen Durchdrehen des Motors den Läufer des Zünd-

Abb. 23. Antrieb des Zündmagnets.

magnetes im Zündzeitpunkt mit so großer Geschwindigkeit durch das Magnetfeld, daß ein kräftiger Zündfunken entsteht. Durch Fliehkraftwirkung wird der Schnapper ausgeschaltet, sobald der Motor anspringt. Durch diese Einrichtung werden die sonst üblichen Anlaßzündmagnete überflüssig. Für die elektrische Zündverstellung sind vier Kurzschlußkabel erforderlich, die am Brandschott in den zugehörigen Zwischendosen angeschlossen werden.

Die Zündkabel sind in Rohrleitungen rechts und links des Kurbelgehäuses verlegt, die Zündkerzen sitzen auf der Außenseite der Zylinder. Die Zündanlage ist mit Funkschutz ausgerüstet.

Zündfunkenfolge an den Magneten: 1-2-3-4-5-6-7-8
Zündfolge der Zylinder: 1-5-4-8-7-2-6-3

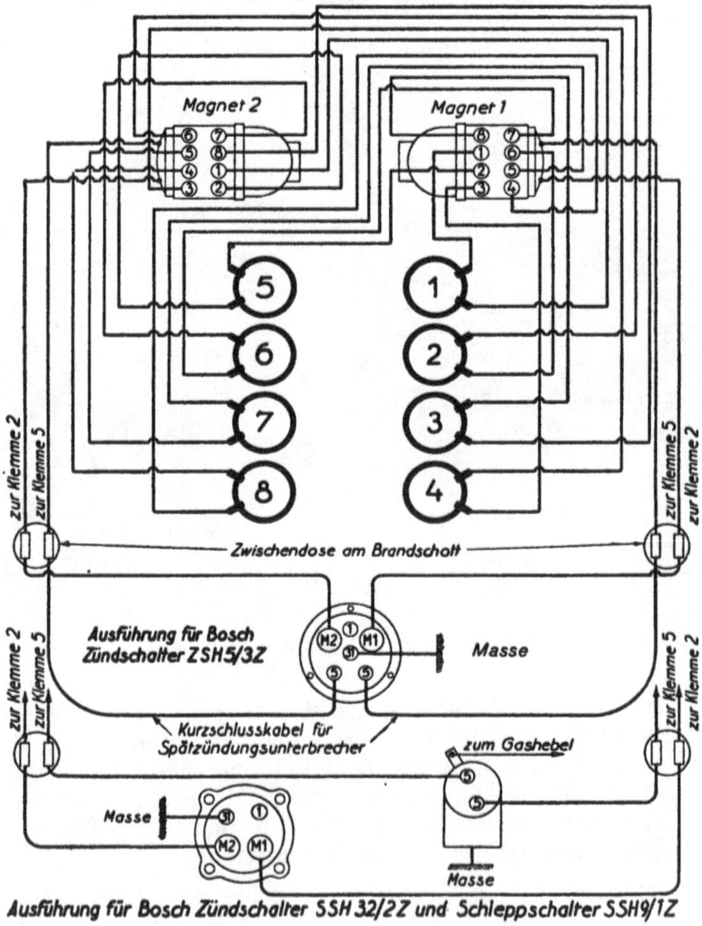

Ausführung für Bosch Zündschalter SSH 32/2Z und Schleppschalter SSH9/1Z

Abb. 24. Schaltplan der Zündmagnete.

Meß- und Bedienungsgeräte

Folgende Meß- bzw. Bedienungsgeräte sind erforderlich, um den Motor während des Betriebes sicher überwachen zu können:

1 Drehzahlmesser, Meßbereich 200—3000 U/min, Antrieb mit halber Kurbelwellendrehzahl, Drehsinn, auf Antrieb am Motor gesehen, rechtslaufend. Anschluß nach Norm Kr. 5532, vorgesehen für mechanischen oder elektrischen Drehzahlmesser.

1 Schmierstoffdruckmesser, Meßbereich 0—10 kg/cm².

1 Schmierstofftemperaturmesser für Schmierstoffeintritt, Meßbereich 20—120° C, größte Länge des Meßkolbens 85 mm, größter Durchmesser 10 mm, Anschlußgewinde M 18×1,5, gegebenenfalls ist für die Messung der Schmierstoffaustrittstemperatur ein Meßgerät mit den gleichen Abmaßen vorzusehen.

1 Kraftstoffdruckmesser, Meßbereich 0—0,5 kg/cm².

1 Zündschalter für 2 Zünder mit elektrischer Zeitpunktverstellung bzw.
1 normaler Zündschalter für 2 Zünder und 1 Schleppschalter für die Zündpunktverstellung.

1 Einspritzpumpe.

Hand-Kraftstoffpumpe zum Auffüllen der Vergaser und der Leitungen nach längerem Stillstand des Motors.

Der As 10 E

Der As 10 C-Flugmotor hat sich in fast allen seinen Teilen tausendfach bewährt und im Baumuster As 10 E nur eine Weiterentwicklung erfahren, die keine einschneidenden Änderungen, die äußerlich in Erscheinung treten, mit sich gebracht hat. Durch die Verbesserungen wurde eine Startleistungserhöhung auf 270 PS bei 2100 U/min für die Dauer von 1 min und eine Verringerung des Gesamtgewichtes auf 213 kg erzielt.

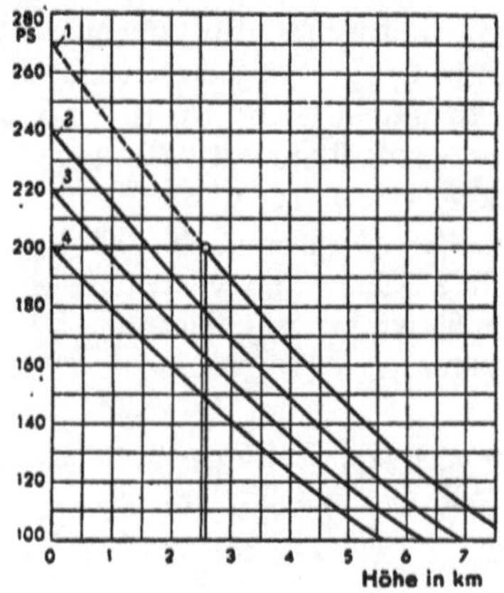

Abb. 25. Höhenleistung bei 2100 U/min (Kurve 1), 2000 (2), 1940 (3) und 1880 (4) U/min.

As 401

Der As 401 ist eine Weiterentwicklung von As 10 und unterscheidet sich von diesem wie folgt:

As 401 besitzt einen einstufigen, elastisch angetriebenen Lader und einen Argus-Hobson-Vergaser mit selbsttätiger Ladedruck- und Höhengemischregelung (s. Abb. 26).

Abb. 26. Der Argus-Hobson-Vergaser.

Leistungen (gültig für Kraftstoff von 87 Oktan):

Belastungsart	Drehzahl U/min	Zulässige Leistung in 0 km PS	Volleistung PS
Abflugleistung 1 min	2100	275	—
Kurzleistung 5 min	2050	250	270 in 3,0 km
Erh. Dauerleistung 30 min	1975	225	245 in 3,3 km
Dauerleistung	1900	200	220 in 3,5 km

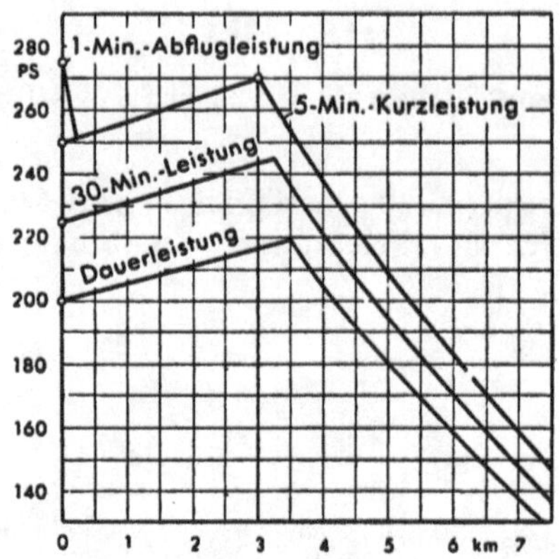

Abb. 27.

Verdichtungszahl 6,0	
Kraftstoffverbrauch bei Reiseleistung	rund 210 g/PSh
Schmierstoffverbrauch	rund 8 g/PSh

www.ingramcontent.com/pod-product-compliance
Lightning Source LLC
LaVergne TN
LVHW091732021026
849161LV00003BB/575